AF332342

Climat

d'Argelès-Gazost

par

le Docteur G. THERMES

Chevalier de la Légion d'honneur
Officier d'Académie
Médecin consultant aux Eaux d'Argelès-Gazost
Membre de la Société de Médecine et de Chirurgie pratiques de Paris
de la Société clinique des Praticiens de France
de la Société d'Électrothérapie, de la Société Française d'Hygiène, etc

PARIS
SOCIÉTÉ DE PUBLICITÉ ARTISTIQUE
12, rue Paul-Lelong
—
1893

Établissement Thermal
d'ARGELÈS-GAZOST
Ouvert du 15 Mai au 15 Octobre

GRANDE SOURCE	SOURCE NOIRE
Gargarismes, Boisson, Pulvérisation, Bains, Douches écossaises, ascendantes, Inhálation.	Gargarismes, Douches locales, Boisson
	Applications externes

Service Médical	Médecins consultants
M. le Dʳ G. THERMES ✻	Docteur Cénac. ✻
Directeur du Service médical de l'Établissement	Docteur Labit.
Cabinet de Consultations	Docteur Trélaun.
dans l'Établissement thermal	Docteur G. Thermes. ✻
	Docteur T. Blondin.

Buvette et Gargarisme
Abonnements valables pour la saison

	Du 15 juin au 15 sept.	du 15 sep. au 15 oct.
Par personne	10	5
Réduction pour les familles le chef de familles ayant payé	10	»
Chaque membre de la famille, femme ou enfant, payera	6	»

Bains et Douches

Bain minéral	2	1
Bain de pieds	1	» 50
Suppl. pour bain aromatisé, amidonné, douche locale dans le bain	1	1
Douche ord. Ecossaise, en jet, en pluie, en cercle	1 50	1
Douche ascendante, bain de siège à eau courante	1	1

Pulvérisation

La séance	1	1

Humage

La séance	1	1

Massage

A l'établissement	3	»

Linge supplémentaire

1 Serviette	0 10
1 Peignoir	0 25
1 Fond de bain	0 25
1 Paire de sandales	0 10

Transport d'un malade
à l'Établissement Thermal en petite voiture.

Aller et Retour . . . . 1 fr.

Tous les bons sont vendus par séries

L'Eau de Gazost est livrée à l'Établissement

		la bout.
Grande Source. 3/4 litre		0 70
— 1/2 —		0 60
— 1/4 —		0 50
Source Noire. 1 litre		1 »
— 1/4 litre		0 60

L'Eau de Gazost est livrée en gare d'Argelès-Gazost franco d'emballage
en caisses de 50 et 25 bouteilles

		50 bout.
3/4 litre, Grande Source		39 fr.
1/2 — —		33
1/4 — —		28
1/4 — Source Noire		33

		25 bout.
3/4 litre, Grande Source		20 50
1/2 — —		18 50
1/4 — —		15 50
1/4 — Source Noire		18 50

Toutes les expéditions sont faites contre remboursement. Toutefois, les personnes qui désirent s'affranchir des frais de retour d'argent, peuvent adresser avec leur commande, un mandat sur la poste des sommes, correspondant à leurs demandes.

Les expéditions à l'étranger sont faites au comptant c'est-à-dire contre mandat sur la poste d'Argelès ou chèque à vue sur Paris.

ANALYSE

de l'Eau de la Grande Source et de la Source Noire

Faites par M. WILLM

Professeur à la Faculté des Sciences de Lille, délégué à Argelès-Gazost
par le Ministère de l'Intérieur, en septembre 1890

1° Composition élémentaire des Eaux d'Argelès-Gazost

	Source Noire gr.	Grande Source gr.
Acide carbonique total (CO^2).	0.0036	0.0396
Ammoniaque.	0.0020	0.0020
Acide carbonique des carbonates neutres (CO^2O)	0.0025	0.0160
Soufre	0.0147	0.0139
Acide hyposulfureux.	0.0009	0.0003
Acide sulfurique (SO^3O).	0.0094	0.0108
Chlore	0.2403	0.1056
Silice	0.0437	0.0249
Sodium.	0.1635	0.0714
Potassium	0.0087	0.0039
Calcium.	0.0160	0.0274
Magnésium.	0.0004	0.0004
Oxyde de fer.	0.0014	0.0004
	0.5015	0.2750

Traces d'iode et de lithine.

2° Groupement hypothétique des éléments des Eaux d'Argelès-Gazost.

	Source Noire gr.	Gr. Source gr.
Acide carbonique libre.	»	0.0162
Acide carbonique des bicarbonates.	0.0036	0.0234
Ammoniaque.	0.0020	0.0020
Sulfure de sodium	0.0232	0.0102
Sulfure de calcium.	0.0117	0.0219
Hyposulfite de calcium	0.0012	0.0004
Carbonate de calcium	0.0041	0.0266
Silicate de calcium	0.0167	—
Silicate de magnésium.	0.0018	0.0016
Silicate en excès.	0.0381	0.0239
Sulfate de calcium	0.0035	0.0153
Chlorure de sodium	0.3810	0.1663
Chlorure de potassium.	0.0167	0.0075
Oxyde de fer	0.0014	0.0004
Matières organiques, résidu séché à 150°	0.0300	0.0285
Contrôle de l'analyse.	0.5334	0.3026
Résidu converti { observé.	0.6286	0.3502
en sulfate { calculé.	0.6268	0.3495

Signé : E. WILLM.

Nota. — Nous croyons savoir que les eaux de Gazost bénéficient
encore par le transport d'un surcroît de sulfuration dû sans doute
à l'action, à l'abri de l'air, du principe organique resté dans l'eau;

dépôt essentiellement formé de sulfure de fer et d'une espèce de sulfuraire.

L'examen sulfurométrique a donné les résultats comparatifs suivants, évalués en sulfure de sodium pour l'eau examinée sur place et pour celle analysée, *après transport*, au laboratoire.

		Au griffon gr.	Après transp gr.
Source Noire .	$Na^2 S$.	0.0200	0.0358
	Hyposulfite	0.0342	0.0013
Grande Source	$Na^2 S$.	0.0126	0.0338
	Hyposulfite	0.0030	0.0004

C'est un avantage de plus à ajouter à celui qu'ont ces eaux transportées de se conserver parfaitement, par suite de leur basse température.

Analyse de l'Eau de Gazost (*Grande source*)

rendue à Argelès

faite par M. **L. Surre,** chef du Laboratoire municipal de la ville de Toulouse, en mai 1893.

	gr.
Sulfhydrate de Sodium	0.0021
Bisulfure de Sodium	0.0033
Hyposulfite de Sodium	0.0022
De plus :	
Iode	traces.
Acide borique	traces.
Alumine	traces.
Acide phosphorique	traces.
Ammoniaque	0.0018

Le dosage des autres éléments est conforme à celui de M. Willm.

Dans les conditions où l'eau a été analysée, les différences ne portent donc que sur la distribution du soufre en divers principes sulfurés, avec une perte en soufre, évidemment due à l'action du contact de l'air qui a fait dégager un peu d'hydrogène sulfuré.

Dans les « Recherches sur les eaux minérales des Pyrénées » par Edouard Filhol, on lit page 63 :

« Fontan se demande si l'eau ainsi altérée par le contact de l'air qui contient un polysulfure, n'a pas acquis, par ce seul fait, des propriétés curatives d'une certaine importance.

« Je rechercherai, dit-il, si la modification qu'éprouve le principe sulfureux en passant de l'état de sulfhydrate (1) à celui de polysulfure, ne donne pas à l'eau des propriétés différentes, et peut-être plus actives quoique le soufre soit alors en plus faible proportion.

« Le monosulfure n'attaque pas le platine, tandis que le polysulfure l'altère promptement.

« A Bagnères-de-Luchon, la Reine est, dit-on, très active dans le bain, quoique ne contenant que très peu de principes sulfureux.»

L'eau y est assez longtemps à l'état de polysulfure.

Signé : L. Surre.

(1) Ou plutôt de sulfure, suivant l'opinion généralement admise aujourd'hui

Climat d'Argelès-Gazost

PAR LE Dr G. THERMES

I

Climat

Au point de vue Physique et Météorologique

A côté des indications spéciales d'une eau thermale ou athermale, simple ou composée, à agent actif plus ou moins déterminé, à groupement hypothétique plus ou moins complexe, il y a encore le milieu où se complète la cure hydro-minérale, lequel vient, comme *agent modificateur* puissant, ajouter ses ressources à celles qu'apporte l'eau minérale elle-même.

Cette étude du climat, dans ses rapports avec certaines affections, et particulièrement celles des voies respiratoires, s'impose donc au praticien; aussi, nous n'aurons garde de la négliger, en ce qui concerne la station d'Argelès-Gazost.

Mais tout d'abord, étudions le climat d'Argelès, au point de vue physique et météorologique.

Topographie. — La vallée d'Argelès a été décrite par Thiers; la beauté du pays a été chantée par les poètes, et si ceux-ci excellent à jeter des voiles brillants sur leurs descriptions, on peut dire. néanmoins, qu'ils ont dépeint le charme subi par eux en contemplant cette ravissante vallée.

Argelès de Bigorre est une charmante petite ville du département des *Hautes-Pyrénées*, voisine de *Lourdes*, adossée aux pentes boisées du Gez et placée dans l'une des courbes gracieuses de la célèbre vallée, surnommée la moderne *Tempé*.

A ses pieds se développe la partie la plus belle, la plus large, la plus haute et la plus déclive de la vallée. C'est là qu'ont été conduites les eaux minérales de Gazost ; c'est là qu'est située la station d'Argelès. Tout près se déroule la ligne ferrée de Lourdes à Pierrefitte, en passant par Argelès ; plus loin le Gave murmure et serpente rapide ; puis au-dessus et tout autour, s'élève un amphithéâtre de collines verdoyantes, dominées par de hautes montagnes dont les flancs sont couverts de sapins.

Plusieurs vallées latérales, telles que les vallées de Lourdes, de Lugagnan, d'Aïzac, d'Arrens, de Cauterets, de Lutz-Saint-Sauveur, y débouchent, disposition qui favorise les courants atmosphériques et empêche les brouillards d'y séjourner. Le soleil y brille, en plein été, presque tout le jour ; le ciel y est d'une *luminosité* remarquable. Et la lumière solaire est, à bon droit, considérée comme un puissant facteur d'antisepsie. B. W. Richardson lui atttribue un rôle important dans la salubrité de la chambre à coucher. C. Ewart a constaté, par des faits, l'action anti-bactériologique des rayons solaires sur les micro-organismes nocifs qui voltigent dans l'atmosphère ambiante. Et l'on sait l'action de la lumière dans les affections tuberculeuses. Koch n'a-t-il pas montré que les cultures de bacilles, exposées pendant trois jours à la lumière, succombent ?

Ces conditions, jointes surtout à la déclivité du terrain, à la nature du sous-sol de la vallée — sous-sol sablonneux, partiellement schisteux et parsemé de blocs granitiques, — s'opposent à la stagnation de l'eau à la surface et facilitent son écoulement graduel. Il se fait ainsi un drainage naturel, empêchant les inconvénients qui résultent de l'humidité et *à fortiori* des effluves telluriques.

Altitude. — *Argelès-vallée* a une altitude de 400 à 500 mèt. (Pierrefitte). Cette disposition topographique permet, en général, la marche et parfois l'ascension des collines peu élevées, aux tuberculeux dans leur période de début, et à ceux atteints de cardiopathies, de catarrhes cardio-mitraux, de troubles de la nutrition du muscle cardiaque, de troubles hémodynamiques.

Air. — Mais nous n'avons pas fini avec l'*altitude* d'Argelès.

Elle a, en effet, son importance au point de vue de la pureté de l'air. Or, qui ne sait et apprécie l'air pur, cet *alibilis aer,* cè *pabulum vitœ,* chez les bronchitiques, les prédestinés à la phtisie et chez les tuberculeux.

Les travaux de Pasteur, de Pouchet, de N. Joly et Musset, de Tyndall, ceux plus récents de P. Miquel, de Friedenreich et Moreau ont démontré que, dans l'air des campagnes, surtout au milieu des montagnes, plus on s'élève moins il y a de moisissures, de bactéries, de micrococcus. Ainsi, des analyses microscopiques faites aux Alpes Bernoises par Friedenreich et Miquel, il résulte que dix mètres cubes d'air ont donné, quant au nombre des bactéries :

1° A une altitude de 2,000 à 4,000 mètres. . .   0

2° Sur le lac de Thoune, 56o mètres   8

Tandis que, ils ont trouvé à Paris :

3° Au Parc de Montsouris   7,600

4° A la rue de Rivoli. 55,000

Or, sans rechercher une atmosphère absolument dépourvue de microbes, car tous les phtisiques ne peuvent d'ailleurs vivre près des sommets des Alpes, pas plus que sur les versants des Andes ou sur les hauts plateaux de l'Himalaya et de l'Anahuac, nous constatons qu'Argelès se rapproche précisément de la hauteur de 56o mètres, atteint même et plus cette altitude en certains endroits.

On voit donc que, par sa situation isolée, au milieu des montagnes, indépendamment des courants aériens qui ventilent, purifient la vallée et dont nous allons parler tout à l'heure, par son altitude et celle des collines qui l'encadrent, Argelès est dans d'excellentes conditions au point de vue de la pureté de l'air, et, par suite, de l'aérothérapie. Nous ne rechercherons pas ici si cette atmosphère pure est due à la diminution de la pression atmosphérique, qui va en s'affaiblissant à mesure qu'on s'élève ; à la diminution de densité de l'atmosphère qui devient impropre à soutenir longtemps en suspension les corpuscules de toute nature ; à la disparition progressive des foyers producteurs des bactéries.

Nous ne parlerons pas non plus de la teneur de cet air en substances gazeuses : oxygène, azote, acide carbonique, invariables d'ailleurs avec l'altitude, sauf quelques oscillations nocturnes, du moins pour l'acide carbonique.

Que dire de l'*azote*, dont le milieu aériforme qui nous entoure et nous pénètre constamment, renferme en volume quatre parties sur cinq d'azote? Joue-t-il, à l'état de gaz simple et dans l'atmosphère, un rôle biologique et curatif indéniable? Son absorption directe par les végétaux, sous l'influence des actions lumineuses et calorifiques et aussi de l'état électrique de l'atmosphère, a été démontrée par Berthelot; mais à part peut-être son action modératrice de l'oxygène, son action sédative signalée par Wintrop, Nysten, Lecomte, Demarquay, etc., peut-on se contenter de répéter, avec Fonssagrives, que l'azote joue un rôle important dans les phénomènes intimes de la nutrition interstitielle? Évidemment, l'azote exerce, dans l'acte de la respiration, une action indéniable; mais disons, avec Brown-Séquard : Comment agit ce gaz? Par quel mécanisme ?

On sait, par ailleurs, que l'azote rencontré dans les *eaux dites indéterminées*, a constitué, particulièrement pour les hydrologues distingués d'Espagne, depuis Rubio, le principe prépondérant, suffisant par lui-même pour entraîner la dénomination d'*eaux azotées* ?

Quant à l'*ozone*, qui est l'oxygène dans un état allotropique particulier, de l'oxygène électrisé, sa production que nous constatons à Argelès serait due, en partie, aux condensations atmosphériques et à l'intensité des pluies. On sait, en outre, que la quantité d'ozone de l'air varie en sens inverse de la colonne barométrique. Il y a plus d'ozone dans l'air lorsque le baromètre baisse. (Symons).

Quelle est maintenant la faible part des effluves balsamiques, aromatiques, provenant des sapinières qui entourent Argelès ?

Quoi qu'il en soit, la présence en plus grande quantité de l'ozone dans les climats de montagnes est démontrée. Mais quelle est la valeur thérapeutique de l'ozone dans les affections des voies respiratoires, et principalement dans la tuberculose pulmonaire? On ne peut encore la déterminer.

Notons seulement que, dans la vallée d'Argelès, la teinte de la gamme ozonométrique, d'après l'échelle du Dr Gruby, donne, en moyenne, le n° 11.

Reste l'ammoniaque contenue dans les eaux pluviales : elle est diffusée dans l'atmosphère, en proportion sensiblement égale. Enfin, viennent les composés nitreux qui se rencontrent plutôt dans les basses régions de l'atmosphère et se

forment, sans doute, sous l'influence des décharges ou des
effluves électriques.

Vents, pluies. — Dans les vallées des Pyrénées, les différences d'intensité de l'évaporation donnent lieu à des brises
régulières et périodiques.

Maxwell Lyte, sous le rapport du régime des vents, a signalé
deux courants réguliers, constants et alternatifs, qui suivent
les vallées dans leur longueur et marchent dans des directions
diamétralement opposées.

Dans la vallée d'Argelès, et comme l'a constaté Lazerges,
dans certaines autres vallées des Hautes-Pyrénées (Arreau,
Aure), notamment du mois d'avril au mois d'octobre, un vent
frais, vif, modéré, souffle vers la montagne, de neuf heures du
matin à cinq heures du soir ; il prend une direction inverse
vers la plaine pendant la nuit, mais avec une intensité plus
faible. Nous ne parlerons pas du vent, d'octobre au mois
d'avril, qui a lieu dans un ordre inverse, ne visant ici que la
saison d'été et le commencement d'automne.

Quant aux lois qui régissent le régime des vents, leur force,
leur origine, leur rôle, il est assez difficile de les établir dans les
vallées des Pyrénées. Les vents sont, le plus souvent, dérivés.
Ainsi, à Argelès, les vents d'Ouest paraissent appartenir au
groupe des vents du Nord ; les vents d'Est, au groupe des
vents du Sud.

Les vents qui y soufflent, le plus fréquemment, sont les vents
N., N.-O., N.-E. Les vents d'Ouest, dérivés N.-O., amènent,
en général, la pluie ; mais ils nous apportent, quand ils sont
Ouest, une grande partie de la pureté de l'air marin de l'Océan,
ce purificateur puissant de l'atmosphère. Avec les vents N.-E.
s'établit le beau temps, tandis que les orages, assez rares,
nous viennent des S. et S.-O., et se forment habituellement
dans la montagne. Enfin, les vents soufflent rarement dans
les directions S. et S.-O., encore moins fréquemment entre
les directions S.-S.-O.

Nous venons de dire que les orages sont relativement rares
dans la vallée d'Argelès proprement dite. Ils apparaissent
cependant en juillet et août ; mais s'ils nous donnent parfois
le spectacle grandiose du zigzag rapide et brillant des éclairs,
suivi plus ou moins promptement de l'éclat strident du ton-
nerre qui déchire l'air et dont le bruit est violemment réper-
cuté par les échos des montagnes, ils contournent, le plus
souvent, bruyamment les sommets qui nous entourent et s'en

vont, en général, dans les vallées de Pau, de Tarbes et du Gers, ne nous apportant que leur roulement lointain et leur sourd grondement.

Les pluies sont plus fréquentes au printemps qu'en été ; mais le nombre de jours de pluie, en été, n'est pas en rapport avec la moyenne hygrométrique assez élevée : 63 à 65 o/o.

Pression atmosphérique. — Le baromètre donne, comme pression moyenne, 715. Les oscillations, durant l'été, ne dépassent guère quatre à cinq millimètres. Rarement le baro-mètre descend au-dessous de 710, et dans les plus hautes pressions il ne dépasse guère 720 mm.

Température. — Argelès-vallée jouit d'un été tempéré, grâce à son altitude moyenne, à sa topographie, à la grande masse d'eau qui descend des montagnes et coule rapide dans la vallée ; — la tension de la vapeur d'eau règle la chaleur atmosphérique — grâce à la brise dérivée, venant du Nord par la coulée de Lourdes et soufflant régulièrement ; toutes causes qui ont pour effet de modérer les ardeurs du soleil et de rafraîchir l'air pendant la journée. L'air s'y échauffe et s'y refroidit graduellement et régulièrement. A partir de la deuxième semaine d'août, la température du jour s'abaisse, les soirées sont tièdes, les nuits fraîches sans être froides, et voici venir septembre avec ses journées ensoleillées, ses séries de dix, douze jours superbes, ses soirées et ses nuits étoilées et surtout le *calme* et l'*immobilité de l'air.* Aussi, c'est pour cette station qu'il faut dire : *la journée médicale est longue.* Les *bronchitiques tuberculeux* peuvent y vivre au grand air, durant huit à dix heures le jour, et dormir la nuit *les fenêtres ouvertes,* avec persiennes fermées.

Non pas cependant qu'en juillet, et quelquefois en août, il n'y ait de journées chaudes, — c'est le lot de presque toutes les stations d'été ; non pas qu'il y ait encore quelque abaissement de température, mais celui-ci n'a pas lieu brus-quement et atteint de faibles limites. Ainsi, il arrive parfois que, du 18 au 22 *juillet,* du 20 au 25 *août,* des perturbations atmosphériques viennent, la nuit surtout, refroidir l'air. Mais tandis qu'il a plu à Argelès une partie de la nuit ou à l'aube, il a neigé sur les hautes montagnes du second plan ; si bien que notre température *minima* n'est que + 10, + 9 et même 8, alors que dans les stations situées dans ces montagnes, elle est descendue à + 5, + 4 et même 3. Notre maxima de jour est à ce moment de 19, 18, 16° C. Nous avions donc raison de soutenir que le refroidissement subit et brusque de l'air est inconnu dans la vallée d'Argelès.

Ajoutons que ces perturbations, qui nous atteignent si faiblement, ne durent que quelques jours. Toutefois, il importait de les signaler ; car, dans les affections des voies respiratoires et dans la tuberculose pulmonaire, en particulier, le médecin doit être attentif aux *périodes naturelles* du temps, pendant lesquelles les conditions climatériques varient peu, et, dans cette même période aux variations plus ou moins sériées qui là modifient momentanément.

Disons enfin, en ce qui concerne la journée médicale, c'est-à-dire les heures où les malades peuvent sortir, de huit à neuf heures, selon les mois, jusqu'au coucher du soleil, qu'à Argelès, les moyennes mensuelles des écarts donnent de faibles oscillations (juin 2°35, juillet 1.40, août 1.36, septembre 2.48, moyennes des étés 1887, 1888, 1889, 1890, 1891).

Nous n'avons pas eu la prétention de donner, dans ce travail, la formule climatérique d'Argelès de juin à septembre ; nos observations, qui datent de six années, ne nous paraissent pas encore suffisantes ; puis il faudrait reproduire des bulletins mensuels, avec le diagramme des observations, et ces tableaux et courbes ne peuvent trouver place ici. Nous avons donc désiré seulement faire connaître quelques données utiles, propres au climat d'Argelès et dont l'hygiène thérapeutique peut tirer profit.

II

Climat

Au point de vue Médical (¹)

Nous venons de parler du climat physique ou *climato-technie* de la vallée d'Argelès-Gazost ; esquissons maintenant la *climatothérapie*, c'est-à-dire les effets curatifs, l'action médicale de ce climat, particulièrement dans les *névroses*, les *affections des voies respiratoires* et les *cardiopathies*.

Rappelons, tout d'abord, que des diverses données météorologiques et climatologiques recueillies par nous, depuis six ans, il résulte que le climat d'Argelès-Gazost peut-être rangé au nombre des *climats mixtes*. Ce n'est pas un climat excitant, comme celui franchement stimulant et tonique du littoral méditerranéen (Franco-Pyrénéen et Franco-Ligurien) ; ce n'est pas non plus un climat sédatif, hyposténisant comme les climats de certaines villes du sud-ouest français. C'est un climat *mixte*, participant à la fois des climats sédatifs et excitants, cependant, bien plus sédatif qu'excitant et se rapprochant, par suite, du climat de Pau et de celui d'Amélie-les-Bains. C'est un climat *toni-sédatif*.

Et si Argelès-Gazost est un climat mixte, il le doit aux conditions topographiques et orographiques de la vallée, à son altitude modérée — 400 à 600 mètres — plutôt qu'à sa latitude méridionale, aux montagnes qui le protègent en partie des vents directs d'Est, d'Ouest et des vents du Sud, la vallée étant ouverte au N.-N.-E., au S.-S.-E. et S.-S.-O.

Ces circonstances locales sur lesquelles nous ne pouvons revenir ici et qui font varier les conditions atmosphériques, constituent, pour Argelès-Gazost, une *spécialisation* climatérique, dont les caractéristiques peuvent être ainsi formulées : Grande pureté de l'atmosphère ; Vicissitudes atmosphériques

(1) Extrait, en grande partie, d'une communication faite par nous au Congrès pour l'avancement des Sciences. (Session de Pau, 1892.)

peu marquées; Variations saisonnières, annuelles, modérées; Moyenne annuelle de la température, peu élevée; Oscillations limitées de la colonne barométrique dans les mouvements diurnes; toutes données que la médecine peut et doit utiliser et sur lesquelles nous appelons l'attention.

Le climat mixte d'Argelès est donc par son atmosphère neutre, par sa sècheresse moyenne, sans humidité libre, par sa faible ozonisation, par le calme habituel de l'air, un climat toni-sédatif approprié aux convalescents, aux valétudinaires et plus particulièrement aux malades atteints de névroses, d'affections des voies respiratoires, aux cardiopathes.

Et cette station à la fois climatérique et thermale rendrait de grands services aux enfants.

« De bonne heure il faut faire, aux différentes stations thermales, chez les enfants prédisposés, suspects, menacés, de véritables *cures* de régénération. » (Rousseau Saint-Philippe).

Examinons brièvement les ressources que l'hygiène thérapeutique du milieu ambiant offre à certaines catégories de malades.

1° *Névroses*. — Les névroses, principalement la neurasthénie, l'hystérie, l'hystéro-épilepsie, la chorée, chez les lymphathiques et les arthritiques, sont heureusement amendées à Argelès-Gazost. Ils y trouvent un air pur et vivifiant, l'isolement relatif, le repos, des promenades variées, sans compter le massage, les pratiques hydrothérapiques et, au besoin, hydrominérales. Le climat calme l'excitabilité cérébro-spinale et favorise la nutrition générale. La cure est indiquée au printemps, en été et en automne.

2° *Affections des voies respiratoires.* (a) *Bronchites.* — Les bronchitiques à forme chronique, chez les arthritiques et les goutteux, grâce à l'état hygrométrique de l'air, aux très faibles variations de températures diurnes et nocturnes, au voisinage des forêts de pins, aux nombreuses journées ensoleillées durant la période de printemps, d'été et d'automne, bénéficient du climat d'Argelès-Gazost. L'atmosphère relativement sèche, surtout pendant l'été et une partie de l'automne (septembre), facilite la fonction de sudation, élimine, chez les arthritiques et les goutteux, les sels uriques, ramène la circulation périphérique à son état normal, décongestionne les viscères, permet l'exercice quotidien, les promenades qui facilitent le jeu des articulations, en même temps que l'air semi-balsamique stimule et modifie les sécrétions bronchiques et diminue, peut-être, dans les bronchites microbiennes, la vitalité des bactéries variées, plus ou moins connues, qui existent dans les bronchites consécutives aux maladies infectieuses : rougeole, coqueluche, grippe-influenza, etc.

(b) Broncho-pneumonies. — Les mêmes considérations que ci-dessus s'adressent aux broncho-pneumonies ou bronchites s'irradiant aux poumons.

(c) Asthme catarrhal. — Relevant de la névrose vaso-motrice que prépare l'inflammation catarrhale par les nerfs vaso-dilatateurs, l'asthme catarrhal bénéficie à la fois du climat et de l'eau sulfureuse d'Argelès-Gazost ; toutefois, quand il perd son caractère humide ou muqueux et tend à n'être que l'expression de la névrose par excito-motricité bulbaire, quand il est sec, en un mot, le climat d'Argelès n'a plus d'indication formelle. Il y a des conditions d'altitude, d'état hygrométrique et surtout des individualités idiosyncrasiques, qui réclament tantôt le climat sédatif de la plaine, tantôt un climat toni-sédatif à altitude modérée, comme celui d'Argelès, parfois enfin le climat tonique et excitant de la mer ou de l'air maritime.

(d) Tuberculose pulmonaire. — En l'état actuel de la science, aucun moyen thérapeutique, qu'il s'adresse directement ou indirectement à l'agent infectieux : le bacille de Koch, ou qu'il ait une action locale et générale, ne guérit radicalement la phtisie confirmée. Le climat, à lui seul, n'a pas non plus cette prétention, mais il est plus qu'un adjuvant de toute méthode thérapeutique. Par son action sur le terrain plutôt que sur la graine, il tend à modifier lentement et heureusement les états constitutionnels, diathésiques ; il donne aux organes une suractivité fonctionnelle, ventile le poumon, facilite le séjour à l'air libre et au repos, prépare la suralimentation, permet l'exercice modéré et gradué, améliore par suite l'état général et ultérieurement l'état local. D'où arrêt du processus morbide. Le tout est de l'adapter à la personnalité morbide.

Le climat d'Argelès-Gazost est au nombre des climats réunissant ces divers avantages, ainsi qu'il résulte de notre étude climato-technique. Il s'adresse à la tuberculose, chez les lymphatiques ; il convient plus particulièrement à la tuberculose semi-érétique, au 1er et au 2e degré, à cette tuberculose mixte ou commune, à tous les degrés, pourvu qu'à la troisième période, les tuberculeux n'aient qu'une fièvre légère 37, 38°, vespérale, qu'il y ait absence de diarrhée et que l'état général ne soit pas trop affaibli.

Il y aurait donc avantage, de l'avis de médecins distingués, à installer dans l'un des coins ensoleillés, isolés et tranquilles d'Argelès, un *sanatorium* modèle; et nul doute que, par la vie à l'air libre, la suralimentation, le repos, l'exercice très modéré et, subsidiairement, les pratiques adoucies de l'hydrothérapie, on n'y obtienne les excellents résultats constatés à Falkestein, à Davos, à Gobbersdof, au Vernet. Déjà même un modeste *sanatorium*, dû à l'initiative philanthropique de quelques maîtres, et fondé à Argelès depuis plus de dix ans, a donné la preuve des bons effets de son climat dans la tuberculose héréditaire.

Mais si l'*analyse* des divers éléments constitutifs du climat a son importance, en tant qu'action thérapeutique plus ou moins grande des gaz, de l'altitude, etc., si les indications thermométriques, barométriques, hygrométriques, anémologiques, etc., sont précieuses et dignes d'être enregistrées, la *synthèse*, à son tour, cliniquement, importe également; car c'est l'ensemble des conditions générales du climat, concourant à la rénovation, à l'amendement du terrain individuel et, par suite, au remontement de l'organisme. Eh bien! la clinique nous montre et nous démontre que le climat d'*Argelès-Gazost* est un climat mixte, tonique, sédatif plutôt qu'excitant; elle nous fait voir que, isolément, il améliore les bronchitiques, les tuberculeux (Dr Ferrand), mais qu'associé à l'eau sulfureuse de *Gazost*, selon les indications, il complète la cure et la rend plus durable.

Aujourd'hui, dans les affections des voies respiratoires, dans les maladies bacillaires, c'est encore cette médication par l'hygiène thérapeutique — eaux minérales appropriées, climat adapté à l'individualité morbide — qui jusqu'ici apparaît au premier rang. Toutefois, la science toujours marche et progresse; elle nous signale ses récentes découvertes; elle nous crie : à côté de l'hygiène, il y a l'antisepsie. L'antisepsie? En chirurgie, elle triomphe; en médecine, elle bataille et lutte. Et quand faudra-t-il, comme Hérard, définitivement répéter : « Avec l'alliance de l'hygiène et de l'antisepsie, nous deviendrons, chaque jour, plus puissants contre la phtisie pulmonaire ? »

(e) *Cardiopathies*. — Les auteurs allemands et Oertel, en

particulier, disent que, en dehors du régime diététique, l'exercice méthodique facilite l'hypertrophie compensatrice, modifie la composition du sang et sa distribution irrégulière. La marche et l'ascension graduée des montagnes pas trop élevées sont une bonne gymnastique pour le muscle cardiaque, dont les contractions deviennent plus énergiques ; de plus, la pression s'élève dans les artères, mais en même temps celles-ci se dilatent et là tension de leurs parois diminue. Cette élévation de leur pression n'est pas constante, elle disparaît la marche finie et elle s'abaisse à la suite d'ascensions répétées. Enfin, la pression dans le système veineux diminue, parce que les grands troncs veineux se débarrassent de leur sang plus aisément. (J. Eiger.)

Pour H. Huchard, la méthode de l'entraînement musculaire et de la marche ascensionnelle est inapplicable au début de la cardio-sclérose et elle a pour résultat d'augmenter le travail du cœur déjà exagéré. C'est au système artéviel que la thérapeutique doit s'adresser. Il faut favoriser la circulation périphérique pour alléger la circulation centrale. C'est pour cette raison que se trouve indiquée, avec l'emploi des frictions, du massage et des mouvements passifs communiqués aux membres, la prescription du régime lacté — tous moyens qu'on trouve facilement à Argelès — sans oublier les médicaments voso-dilatateurs (iodure, etc.).

Toutefois, même avec l'exercice actif et passif modéré, il faut compter avec l'*altitude*.

Dans les cardiopathies, en général, les hautes pressions atmosphériques ralentissent le cœur et abaissent la tension artérielle, tandis que les basses pressions augmentent cette tension et excitent le cœur. C'est pourquoi Ch. Liégeois pense que l'altitude des stations pour les cardiopathes ne doit pas être, en général, au-dessus de 400 mètres. Or, la station d'Argelès est à 432 mètres. Mais la clinique montre que cette limite maxima de 400 mètres peut être quelque peu dépassée et portée de 500 à 600 mètres. D'une façon générale, il faut défendre le séjour à des altitudes supérieures à 500 ou 600 mètres. (Huchard.)

Aussi, l'on conseille, pendant l'hiver, aux cardiopathes, Pau, Argelès-Gazost, etc. Nous les revendiquons, encore, pendant août, septembre, juillet, car ils bénéficient alors, et du climat sédatif et des pratiques hydriatiques dirigées avec prudence, c'est-à-dire d'Argelès et des eaux de Gazost.

Ajoutons, d'ailleurs, que les cardiopathes peuvent diriger

leur promenade vers la partie d'Argelès-Lourdes, dont l'altitude s'abaisse insensiblement et ne dépasse pas 400 mètres.

En outre, à côté de l'altitude, nous le répétons, il convient de tenir compte des effets toniques et surtout sédatifs du climat d'Argelès, climat calmant, à l'abri du vent et des variations brusques de température.

Aussi, les cardiopathes anoxémiques, catarrheux, les cardio-mitraux qui ont dépassé la période d'hypersystolie, ceux avec tendance aux congestions, avec troubles de l'hématose et tendance à l'hydropisie, mais sans asystolie trop marquée, sans troubles de l'hématopoièse par lésions viscérales multiples, les cardiopathes artério-scléreux, non ceux atteints d'angine de poitrine vraie, s'améliorent à Argelès. Ils y font au printemps, en été et en automne, la cure d'air, modificatrice de l'altération nutritive, celle plus relative du terrain, cure graduelle, proportionnée à la force du muscle cardiaque, ils utilisent cette gymnastique *musculaire* par les mouvements actifs ou passifs et par le massage médical, et ils y trouvent, lorsque le cœur est compensé, cette gymnastique *cutanée* par l'eau sulfureuse de Gazost, sous forme de lotions, d'affusions ou parfois de douches. Ajoutons à cela la facilité d'y faire la cure lactée et d'utiliser une eau de source qui agit sur l'hypoazoturie, sans oublier le traitement hygiénique.

Tels sont, dans ces diverses maladies, les avantages hygiéno-thérapiques du climat d'Argelès-Gazost.

Indications des Eaux de Gazost

Les eaux de Gazost doivent être employées chez les lymphatiques, les herpétiques, les scrofuleux, dans les maladies *chroniques* suivantes :

A. Voies respiratoires.
Catarrhe naso-pharyngien.
Pharyngite simple, granuleuse.
Laryngite simple, tuberculeuse (au début).
Bronchites catarrhales, simples, goutteuses, microbiennes, grippe-influenza, tuberculeuses.
Emphysème pulmonaire, avec ou sans catarrhe bronchique.
Broncho-pneumonies simples, microbiennes ou infectieuses (suites de coqueluche, rougeole, fièvre typhoïde, diphtérie, etc.).
Asthme catarrhal.
Adénopathie bronchique.
Tuberculose pulmonaire à forme torpide, 1er et 2me degrés; 3me degré (si l'état général le permet).
Pleurésie et pneumonie chroniques.

B. Appareil utéro-ovarien.
Périmétrite. Endométrite, endocervicite catarrhales, catarrhe tubaire, catarrhe ovarique.
Paramétrite. Phlébite chronique, lymphangite, adénolymphite chronique et subaigüe,

C. Appareil digestif. *Catarrhe stomacal.*
Diarrhée chronique.
Dysenterie, sans état cachectique, sans fièvre intermittente.

D. Rhumatisme chronique. *Maladies spécifiques.*

E. Maladies de la peau.
Scrofulides communes, erythémateuses et vésico-pustuleuses.
Eczéma, impetigo, acné, psoriasis.

Indications des Eaux et du Climat

Anémie. Chlorose. Néurasthémie. Hystérie. Chorée. Affections cardiaques compensées et liées à une maladie *catarrhale* des voies respiratoires.

Ici les divers procédés balnéothérapiques à l'eau *sulfureuse* ou à l'eau de *source* sont associés au climat d'Argelès.

Gautherin & Cie, imp., 131, rue de Vaugirard. Paris

Promenades & Excursions

Voitures, Chevaux et Guides à la disposition des Touristes

Service quotidien en Breacks pour les principales excursions ci-dessous :

Courses en Voitures — *Aller et Retour*

1° Tour de la vallée par Pierrefitte, Villelongue et les ruines du château de Beaucens. *2 heures 1/2*

2° Tour de la vallée par Ayros, Lugagnan et le Pont neuf. *2 heures*

3° Pierrefitte par Saint-Savin, la chapelle de Piétat et retour par la vallée. *2 heures*

4° Vallée d'Azun, Arrens et la chapelle de Poey-la-Houn, très belle course. *4 heures*

5° Gazost par Lugagnan et Juncalas, belle cascade. Ruines du château de Castelloubon, gorge des enfers. Sources de Gazost. Course très intéressante. *5 heures*

6° Gez à Sère. (Vallée de Bergons). *2 heures*

7° Arcizans-Avant par St-Savin. Très belles vues. *1 heure 1/2*

8° Argelès à Ouzous (Vallée de Bergons). *1 heure 1/2*

9° Cauterets. *3 heures*

10° Luz, Saint-Sauveur. *3 heures*

11° Barèges. *5 heures*

12° Gavarnie. *Toute la journée*

13° Lourdes. *2 heures*

14° Lac de Lourdes. *3 heures*

15° Bagnères-de-Bigorre. *5 heures*

Courses plus longues ou plus difficiles

1° Lac d'Estaing (*10 heures aller et retour*) longue mais facile. Guide utile. Emporter des provisions. *A pied ou à cheval.*

2° Vallée de Bergons, cols d'Ansan, de Laspendelles, de Bazet et descente sur la vallée d'Azun, retour par Aucun et Arras, belles forêts, admirables points de vues. Course très recommandée. Guide utile. *12 heures*

3° Pouey-Espé, ancien hermitage de St-Savin par Uz. Mines de Pierrefitte (mines de plomb argentifère), beau point de vue. On peut aller en voiture jusqu'à la chapelle de Piétat, *5 heures.*

4° Montagne d'Azy. Brèche du Roi et pré du Roi, *10 heures aller et retour.* Course pénible mais très belle. Un guide est nécessaire : *A pied seulement* à partir de Salles.

5° Lac d'Isaby, retour par la vallée très pittoresque d'Isaby, la cascade de Paspiche, les ruines de l'abbaye de St-Orens et Villelongue. — *A pied ou à cheval.*

6° Lac bleu, *de 15 à 20 heures aller et retour.*

7° D'Argelès à Gazost, par Artalens, le col de Tramassel, la fontaine des Trois Seigneurs et les sources du Nest. Retour par Juncalas, *15 à 20 heures. A pied seulement.*

8° Pic du Midi de Bagnères. (*15 heures*).

Principales Publications

du Dr G. THERMES

Traité d'hygiène et de thérapeutique de l'hygiène (in-18 de 500 pages, 1889).

Essai sur le rétrécissement du conduit utérin. (Thèse de Paris 1867.)

La Propylamine dans le rhumatisme articulaire aigu.

Étude sur le bain turc.

Étude sur le bain térébenthiné.

De l'influence immédiate et médiate de l'hydrothérapie sur le nombre des globules rouges du sang.

De l'action de la glace, de l'eau glacée, de l'eau chaude sur l'achromatopsie et l'hémianesthésie des hystériques.

L'hydrothérapie dans les anémies et la chlorose; son action sur le nombre des globules rouges du sang et sur la quantite d'hémoglobine.

Des effets produits par les métaux neutres soumis à l'influence du froid et de la chaleur.

Observations de névralgie syphilitique du trifacial, avec lypémanie; de paralysie agitante, d'ataxie locomotrice, de sclérose en plaques, de goître exophthalmique, de mutisme hystérique, etc.

L'hydrothérapie dans l'hystérie.

Le magnétisme animal et l'hypnotisme.

La sensibilité de la peau considérée au point de vue de la technique hydriatique.

Du massage au point de vue historique, technique et physiologique.

Technique hydrothérapique dans les troubles de la sensibilité cutanée.

Considérations physiologiques et thérapeutiques sur l'air de la mer.

Du vertige laryngé dans la coqueluche chez les vieillards.

Notice médicale sur les eaux minérales d'Argelès-Gazost (Hautes-Pyrénées).

Hémoptysies chez les tuberculeux et chez les hystériques.

L'hystéro-traumatisme.

Expulsion d'un fibro-myome par les douches hypogastriques sulfureuses et par les injections extra-utérines de la source Noire (Gazost). Enucléation. — Cessation des accidents. (Sous presse.)

Des névroses vermineuses.

Des injections hypodermiques d'Eaux minérales et, en particulier, d'Eaux de Gazost.